U0055754

大廚在我家③

大師級涼麵

■曾秀保（保師傅）、王瑞瑤／著

自序

蕩氣迴腸的大師級涼麵

文／曾秀保（保師傅）

涼麵是我兒時記憶中的味道，小時候最常吃的是白飯，但我骨子裡卻偏好麵食，父親經常帶我去吃「三六九」與「排骨大王」，這是我小時候吃過，覺得最好吃的麵，直到有一天，我家隔壁開了一家「小峨嵋」，才知道麵條的世界如此神奇。

小峨嵋主要賣的是牛肉麵、榨菜肉絲麵等熱呼呼的熱湯麵，可是那年夏天，每天早上五點左右，老闆便煮出一大鍋的麵，把麵條鋪在桌子上，用大電風扇猛吹，一邊灑油，一邊翻動，麵條在老闆的手裡好像會跳舞，我在一旁看得目瞪口呆，心中非常好奇，連續看了好多天，才弄懂這原來是涼麵。

老闆賣的是四川涼麵，以芝麻醬為基底，在一個酷熱的日子裡，我終於走進麵店，點了一碗心儀已久的涼麵，還記得第一口的滋味，那股清涼的麻辣讓我暑氣全消，隨之而來的是滿頭大汗，因為很辣，從此我就愛上了它。

國中畢業踏入社會，第一個工作是川菜餐廳的點心學徒，當時發現川味冷盤有一道棒棒雞，居然是我熟悉的涼麵味道，每當我想吃的時候，就跑去煎一張油餅，再拿油餅去纏著冷盤師傅，拜託他用油餅換棒棒雞，冷盤師傅見我年紀小，再加上我父親是廚房裡最大的掌杓師傅，便塞給我棒棒雞、滷味等冷菜，後來我用油餅包著棒棒雞吃，覺得比大餅包牛肉好吃太多了。

之後到了亞都飯店工作，總裁嚴長壽經常派我到國內外觀摩、參觀、學習各式各樣的美食製作，遇到有趣的味道，我便試著模擬，把中式的調味醬與歐美、亞洲各式的烹調醬汁融合在涼麵裡，默默實驗品嘗。

民國八十三年間，《自立晚報》記者陳忠義得知我對小菜略有研究，主動要求採訪小菜兩百道，我就把涼麵當作其中一個系列，拼拼湊湊做了將近二十道涼麵給陳記者採訪，許多內外場的同事也好奇跑來試吃。

正當一夥人開開心心試涼麵時，董事長周太太與其他董事忽然出現，看到員工與陌生人吵吵鬧鬧，以為發生了什麼事，在旁的公關急忙解釋是記者採訪。周太太面露懷疑，看著我說：「我怎麼都沒吃過什麼涼麵呢？」我靈機一動當場回答：「那就請大家來吃一碗吧！」

沒想到周太太吃完又問我：「阿保師，這涼麵什麼時候要賣啊？」我說：「沒啦！是做採訪。」「保師，要賣喲！」「喔，我知道了。」

開賣之後，各大媒體每年暑假都上門採訪涼麵，其中包括：民生報、聯合報、中國時報、美食天下雜誌等等，記者吃罷都覺得非常驚喜，涼麵居然可以如此豐富多變，紛紛詢問何時可以再吃得到？我與內人王瑞瑤商量後，決定每年暑假舉辦一場涼麵宴，邀請親朋好友共同享用大規模的涼麵宴。

一場涼麵宴要準備三天，一口氣擺出了拉麵、烏龍麵、粉絲、粉條、日式壽麵、韓式冷麵、廣東生麵、抹茶麵、蕎麥麵、義式天使絲、蒟蒻麵等。醬料更驚人，川味麻醬、日式胡麻醬、韭花醬、皮蛋醬、冷炸醬、蔥開醬、崩山豆腐醬、秘製豆腐乳醬、台式辣醬、老虎醬、超級酸辣醬、香芒草莓醬、香椰沙爹醬、泰式醬、越式辣醬、噴火醬、和風醬、咖哩醬、番茄肉醬、橄欖牛肉醬、香椿醬等，連老法的鵝肝、日本人的海膽、義大利的青醬，以及寶島水果統統成醬，數一數，三十款好醬羅列待客，聲勢追過十八銅人陣。

吃涼麵一定要的配菜，也不只小黃瓜、綠豆芽、紅蘿蔔而已，雙手無法合圍的橢圓形托盤上，有紫高麗、紅黃椒、香菜、高麗菜、白菜心、西生菜、蘿蔓、九層塔、苜蓿芽、馬鈴薯、新鮮薄荷，還有加料提味的Topping，例如：早餐穀片、養生堅果等等。

涼麵宴的用餐方式近乎自助餐，材料擺滿在餐檯上，每個人自行玩涼麵配對的遊戲，選不同醬配不同麵，有的單一，有的混合，像調色水彩盤一樣，調出獨一無二的專屬味道。

我發現，除了芝麻醬衍生的涼麵醬以外，不同的辛香料加上不同的調醬方式，就能調出不同的味道，我還發現任何醬汁，只要沒有動物油脂，都可以變成涼麵醬，把涼麵想成生菜沙拉來製作，就可以撞擊出新火花。

涼麵在我眼裡如同世間百種人，有的潑辣撒野，有的溫柔善良，有的脾氣暴躁、有的乖巧聽話、有的像天上的一陣響雷，就像我老婆喜怒無常、高深莫測；有的讓人心花怒放、心曠神怡，有的像一段美好的回憶，甜蜜在心頭；有的又像一曲樂章，從輕柔平穩到波濤洶湧。請讀者慢慢欣賞大師級涼麵蕩氣迴腸的滋味吧！

Contents
目錄

涼麵沒那麼簡單

涼麵的40種風情

part 1 人見人愛

part 2 熱情豪爽

part3 清新佳人

part4 個性小生

part5 風味升級

涼麵的20個情人

涼麵沒那麼簡單

基本處理法

最常見的涼麵使用雞蛋圓麵，口感類似油麵。雞蛋圓麵像陽春麵，是新鮮的生麵，煮麵時要點水2次，即水沸，下麵條，水再沸，加冷水1/3碗，又沸騰，再加冷水，見水又一次煮沸，即可撈麵。

以前涼麵煮好要吹電風扇降溫，現在泡冰水迅速冰鎮，最後拌入有淡淡香味的葵花油。

●涼麵基本處理法：

麵條依時間煮熟→泡冰水2分鐘→瀝乾2分鐘→拌入少許葵花油

●烹調細節需注意：

1. 煮麵要水多、火大，麵條要鬆開或散開放入水中，避免黏結。
2. 泡冰水的時間不能太短，否則麵心無法涼透，也不能太長，麵條會吸水變爛。
3. 瀝乾時間同樣不能過短或太長，若擱著不管，麵條將結成塊狀，怎麼拉都拉不開。
4. 使用葵花油不會影響到醬汁的風味，而且還有淡淡的香味。

●調醬注意事項：

調醬時經常使用到「棉糖」，棉糖是一種炒製過的糖，質地比細砂糖更細，色米白，顆粒小，溶解快，適合調製醬汁，與西式烘焙的白色糖粉不同，味道更香，常見於豆漿店，是甜豆漿的調味。

上圖：棉糖。
下圖：棉糖與糖粉對照比較；左邊色白者為糖粉，右為棉糖。

麵條大觀園

可做為涼麵的麵條，不光是雞蛋圓麵，種類超乎想像之外得多，有粗有細，有Q有脆，有黃有綠，涼麵家族熱鬧繽紛。

粉絲：
水沸下鍋煮到透明。

雲南米線：
先用冷水泡20分鐘，水沸下鍋煮30秒。

冷凍熟烏龍麵：
水沸下鍋煮45秒。

日式抹茶麵：
水沸下鍋煮3分鐘。

義式紅椒麵：
依照外包裝所規定的時間。

冷凍熟拉麵：
水沸下鍋煮45秒。

義式墨魚麵：
依照外包裝所規定的時間。

日式壽麵：
水沸下鍋煮1.5分鐘。

港式撈麵：
水沸下鍋煮1.5分鐘。

日式蕎麥麵：
水沸下鍋煮2.5分鐘。

蒟蒻麵：
水沸下鍋煮5秒鐘，泡冰水，不必加油。

金門手工麵線：
水沸下鍋煮1分鐘。

義式天使絲：
水沸下鍋煮3分鐘。

越南河粉：
水沸下鍋煮到半透明。

韓國蕎麥細麵：
水沸下鍋煮3分鐘。

配料好幫手

人人都需要朋友，涼麵也不例外，涼麵也有很多好朋友，不但讓涼麵吃起來清爽，增加層次感，同時導引出一條涼麵的新健康路線，夏天來一碗，有麵、有菜、有果仁，營養滿點，健康滿分。

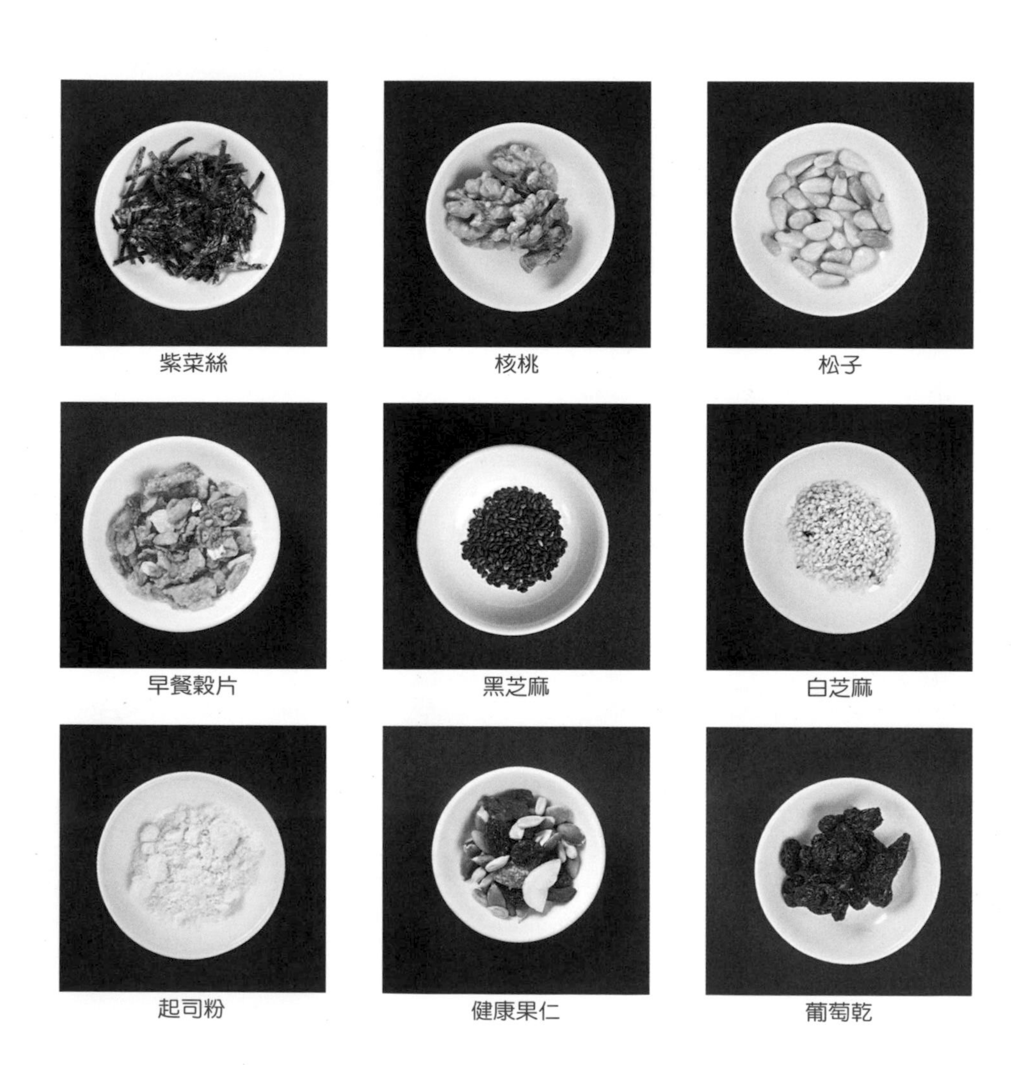

紫菜絲　核桃　松子
早餐穀片　黑芝麻　白芝麻
起司粉　健康果仁　葡萄乾

綠豆芽
蘿蔓生菜
九層塔
萵苣
薄荷葉
紫高麗
苜蓿芽
羅莎生菜
奶油生菜
紅色甜椒
法國捲鬚菜
黃色甜椒
小黃瓜絲
高麗菜
法式紅生菜
蘿蔔嬰

Executive Chef

涼麵的40種風情

part 1 人見人愛

日式胡麻醬

醇厚中見層次，原來是台灣客家金桔醬與美式熱狗芥末醬強化了日本胡麻醬的深度。

酸度：

保存期限：冷藏1星期

材料：

日式胡麻醬1碗、冷開水1碗、醬油膏4.5大匙、甜辣醬3大匙、香油3大匙、客家金桔醬2大匙、美式黃芥末醬2大匙、烏醋2大匙、蜂蜜1大匙。

辛香料：

蔥花、蒜末適量。

做法：

胡麻醬調稀，再混合調勻所有材料。

芝麻醬基本法：

1.不論是常見的黑白芝麻醬或日式胡麻醬，使用前必須先加水調勻，芝麻醬與冷開水的比例為一比一。

2.芝麻醬裝碗，再加冷開水，冷開水分4至5次倒入。

3.芝麻醬初遇水，愈攪愈稠，甚至結成塊狀，分次加水便可順利調開，最佳濃度為「滴落不堆疊，呈現流動感」。

4.傳統多用食用油調開芝麻醬，但口感較膩，熱量太高，不建議使用。

保師傅的叮嚀：

日式胡麻醬以低溫烘烤芝麻，顏色呈現淡淡米黃，質地細緻滑柔，幾無顆粒感。

日式胡麻醬

一彎清泉透心涼

日式胡麻醬＋日式蕎麥麵＋義式天使絲＋
法式紅生菜＋捲鬚菜＋甜紅椒＋蘿蔔嬰

胡麻芥末醬

淡淡的滋味，猶如春天吹來的一陣風；淡淡的一抹綠，是味覺後段隱藏的小驚喜。

辣度：
酸度：

保存期限：冷藏1星期

胡麻綜合醬做法：

日式胡麻醬1碗（見P.24）、美乃滋1/3碗、番茄醬1/3碗、棉糖2大匙、檸檬汁4大匙，以上混合調勻。

日式芥末醬做法：

冷開水慢慢地加入日式芥末粉中，用打蛋器以同一方向迅速攪打2至3分鐘，直至濃稠如味噌狀，立即裝入玻璃瓶裡，旋緊瓶蓋，瓶口朝下，放在廚房較為悶熱之處，半小時後，芥末醬又辣又嗆。

吃法：

胡麻芥末醬＝胡麻綜合醬6＋日本芥末醬1，食用前再混合兩醬。喜衝鼻流涕的人，可酌量提高日本芥末醬的比例。

保師傅叮嚀：

日式芥末醬放進冰箱保存，別忘記保持瓶子倒扣之姿，維持芥末上衝之氣。

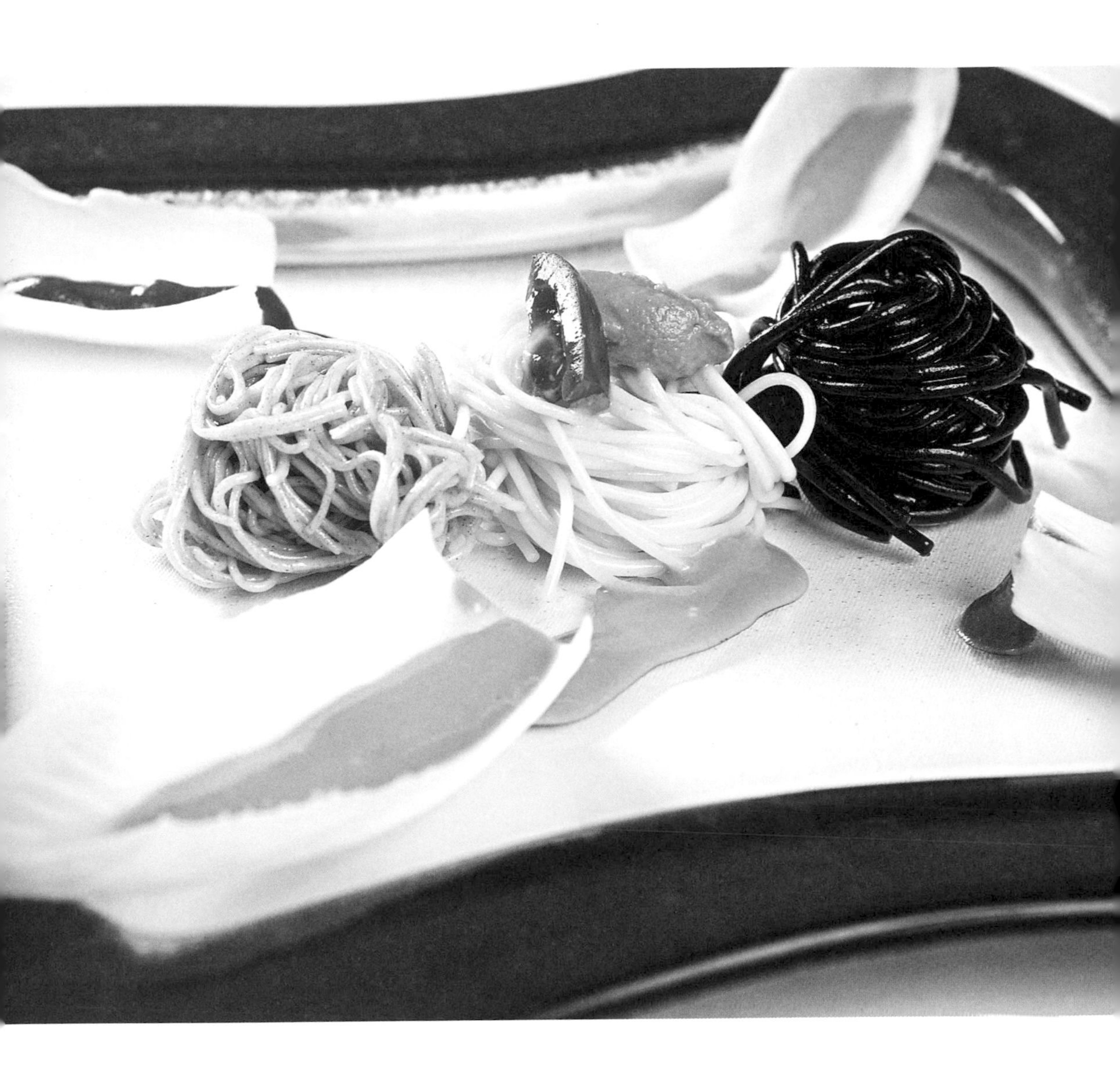

生魚片的餘韻

胡麻芥末醬＋無敵文昌汁＋超級酸辣汁＋韓式蕎麥細麵＋義式天使絲＋義式墨魚麵＋紅梅汁＋日式胡麻醬＋比利時小白菜。

沙茶辣豆醬

沙茶為基礎，再添加多種豆腐乳，前者變弱，後者變強，交融出相互和鳴的溫柔。

辣度：)) 酸度：●
保存期限：冷藏1星期

材料：

金門高粱豆腐乳1/4碗、客家甘味豆腐乳1/4碗、麻油辣豆腐乳1/4碗、高雄岡山蠶豆瓣醬1/4碗、沙茶醬1碗、柴魚蜜汁水1碗（見P.106）、烏醋2/3碗、辣油半碗、味醂半碗、香油半碗、泰國是拉差辣醬1/4碗、日式胡麻醬（見P.24）1/4碗。

辛香料：

蔥花5大匙、蒜末5大匙。

做法：

1.三種豆腐乳與蠶豆瓣醬用果汁機打成泥狀。
2.再混合調勻所有材料。

麻油辣豆腐乳

比吃火鍋更過癮

沙茶辣豆醬＋日式壽麵＋羅莎生菜＋洋蔥＋薄荷

薑味暖暖醬

吃過南台灣特有的薑泥醬油膏沾番茄嗎？沒錯，薑味暖暖醬便是這番迷人的綜合滋味。

酸度：●●●

保存期限：冷藏1星期

材料：

番茄醬3大匙、棉糖3大匙、醬油膏3大匙、日式豬排醬3大匙、黑醋2大匙、白醋1大匙。

辛香料：

切片嫩薑2/3碗加入1/3碗冷開水打成薑泥。

做法：

混合調勻所有材料。

保師傅的叮嚀：

1. 薑打泥一定要選嫩薑先切片，若整塊拍扁直接放入果汁機裡攪打，細絲纖維打不斷。
2. 若使用中薑，先去皮、切薄片、泡冰水，才能打成細泥。

暖男的貼心溫柔

薑味暖暖醬＋日式拉麵＋甜椒＋紫高麗＋熟蝦仁

養生黑芝麻醬

黑芝麻的氣息比白芝麻濃烈，所以滋味更勝日式胡麻醬或川味麻醬，是非常適合老人家的養生涼麵。

酸度：●●

保存期限：冷藏1星期

材料：

炒香的黑芝麻1.5碗、日式胡麻醬半碗、日本美乃滋半碗、冷開水2碗、醬油膏2/3碗、白醋6大匙、棉糖4大匙、香油4大匙、炒香的白芝麻1/3碗。

辛香料：

蔥花4大匙、蒜末4大匙。

做法：

1.黑芝麻用強力果汁機或冰沙機攪打成醬。

2.倒出後加入胡麻醬，將冷開水分四至五次加入調勻，調至有流動感。

3.最後混合調勻所有材料。

黑芝麻

黑得好，涼麵三兄弟

養生黑芝麻醬＋日式抹茶麵＋義式紅椒麵＋義式天使絲＋苜蓿芽＋紫菜＋蘿蔔嬰

戀戀咖哩醬

好吃的咖哩醬，大人小孩皆宜的溫和口味，冷冷的拌食，為夏天的餐桌增添色彩。

保存期限：冷藏2天

材料A：

葵花油5大匙、洋蔥末半碗、紅蔥頭末1/3碗、蘑菇半碗切成指甲片大小。

材料B：

咖哩粉4大匙、小茴香粉1大匙、月桂葉5片、香菜籽粉1大匙、薑黃1大匙。

香菜籽粉

材料C：

燒熱葵花油2大匙，加紅蘿蔔絲1/3碗、小荳蔻8粒炒香炒軟，倒入2/3碗高湯，煮5至8分鐘，再用果汁機打成豆蔻紅蘿蔔泥。

材料D：

泰國魚露1大匙、鹽巴半茶匙、細砂糖1大匙。

材料E：

蘋果1/4粒去皮切絲，加清水3大匙，蒸15分鐘後打成泥。

材料F：

冷凍青豆仁1/3碗，解凍後入鹽水煮1分鐘，瀝起。生腰果3大匙加清水3大匙，用果汁機打成腰果奶。熟馬鈴薯泥1/3碗、鮮奶油半碗、優格1/4碗。

做法：

1.燒熱鍋子，順序放入材料A爆香，倒入米酒3大匙，再加材料B，炒到香味升起綻放。
2.再加高湯3碗，見水沸，轉小火熬煮3分鐘，加入材料C、D、E，滾沸後續煮2分鐘。
3.撈出月桂葉，加入材料F，煮至收濃即可。

不能不愛上我

戀戀咖哩醬＋柚香芒果山果子醬＋義式墨魚麵＋苜蓿芽＋蘿蔔嬰＋捲生菜＋法國紅生菜

義式冷青醬

想一想在義大利餐廳裡經常吃到的青醬麵，涼涼的吃，九層塔不再囂張，松子、起司、鯷魚都在嘴裡站起來跳舞。

保存期限：冷藏1星期

材料：

羅勒葉（或九層塔葉）2碗、烤松子1/4碗、烤榛果1/4碗、蒜末4大匙、橄欖油4大匙、起司粉3大匙、油漬鯷魚1大匙、鹽巴1/4茶匙。

做法：

1.羅勒葉放入沸水中汆燙2秒，瀝起泡冰水，再撈出，擠乾水分。
2.蒜末同羅勒葉般汆燙去除生味、維持白皙。
3.所有材料放入果汁機攪打成泥。

如何烘烤堅果：

1.烤箱溫度設定為攝氏80度，不得超過100度，烤松子所需時間為60至80分鐘，棒果為80分鐘，讓顏色呈現淡淡米黃，嚐起來沒有生味即可。
2.堅果經過烘烤，滋味較甜，封罐放入冰箱，可冷藏保存1年；若經油炸，烹調時間雖短，但有油耗味，又容易軟化，且不耐久存。

義大利麵冷冷吃

義式冷青醬＋雲南米線＋松子＋紫高麗＋苜蓿芽＋蘿蔔嬰

番茄冷肉醬

濃郁的肉醬裡，有番茄微微的酸，再融合九層塔淡淡的香，把整個人都拉去義大利玩耍！

酸度：●●

保存期限：冷藏4天

材料：

美國牛小排絞肉300克、豬前腿瘦絞肉300克、去皮新鮮番茄丁1.5碗、罐頭去皮番茄丁1.5碗、番茄汁1碗、洋菇末1碗。

辛香料：

紅蔥頭末1/3碗、蒜末1/3碗、油漬鯷魚切碎2大匙。

調味料：

橄欖油1碗、琴酒3大匙、番茄配司4大匙、鹽巴1/3茶匙、現磨黑胡椒粉少許、高湯2碗。

另備：

九層塔末3大匙

保師傅的叮嚀：

嗜辣者可加超級酸辣汁，喜濃者可加鮮奶油，愛吃洋味者可加起司粉。

做法：

1.兩種絞肉如漢堡般先煎香兩面，再鏟散，炒熟，盛起。

2.鍋燒熱，倒入油，依序爆炒辛香料，再放洋菇末與番茄配司拌勻，取琴酒淋鍋邊，燒出香味。

3.加入熟絞肉、兩種番茄丁、番茄汁、高湯，以及黑胡椒粉、鹽巴等調味，以極小火熬煮40分鐘，起鍋前撒入九層塔末即可。

起司粉

男女老少一網打盡

番茄冷肉醬＋超級酸辣醬＋義式天使絲＋起司粉＋辣椒粉＋碎核桃＋蘿蔔嬰

噴香冷炸醬

怕涼麵太單調，不管是什麼中國醬、日本醬、義大利醬、法國醬，統統都加一點兒炸醬，口味與視覺都皆大歡喜。

保存期限：冷藏5天

材料：

豬前腿瘦絞肉800克、小豆干8塊切末、乾蝦米4大匙、雞蛋1粒再加4顆蛋黃打勻、紅蔥頭切片3/4碗、青蔥4支切1公分小粒、沙拉油1碗、香油1碗、高湯1.5碗。

調味料：

明德黑豆瓣醬3大匙、明德甜麵醬4大匙、蠔油2大匙、紹興酒2大匙、胡椒粉少許、細砂糖2大匙。

做法：

1.混合兩種油燒熱，依序炸乾或炸香蝦米、紅蔥頭、青蔥、豆干等，分別瀝出備用，蝦米待冷切碎。
2.再燒熱同一鍋油，將蛋液隔著漏杓瀝進油鍋裡，炸成整塊蛋酥，撈出後剁碎。
3.同一鍋煎絞肉，兩面煎香再炒開，放入所有調味料炒香拌勻。
4.最後把所有材料倒入鍋裡，記得加高湯，翻炒10分鐘收乾即可。

保師傅的叮嚀：

冷炸醬的特色是香，炸蛋、煎肉、紅蔥頭、乾蝦米，以及香料油全部大集合，冷食香，拌熱麵當然更香。

披薩也要靠邊站

噴香冷炸醬＋魔力皮蛋醬＋東蔭功酸辣醬＋日式抹茶麵＋義式紅椒麵＋義式天使絲＋義式墨魚麵＋蘋果＋甜紅椒＋羅莎生菜＋早餐穀片＋葡萄乾＋花生＋核桃

葡國雞醬

濃郁的椰漿混合雞肉，像一劑涼補，豐富味蕾、活躍全身，替曬得乾荒的身體打打氣。

保存期限：冷藏4天

材料A：

葵花油3大匙，洋蔥粒、紅蔥頭粒、鮮香菇末各1/3碗。

材料B：

米酒2大匙、高湯3碗、薑黃粉3大匙、咖哩粉4大匙、泰國魚露半大匙。

材料C：

馬鈴薯丁與紅蘿蔔丁各1/3碗，切成青豆大小，蒸20分鐘。

材料D：

肉雞腿2隻去皮去骨，切成0.6公分見方的小丁，入鍋煎至半熟。

材料E：

椰漿1/3碗、鮮奶油1/3碗、去皮脆花生1/4碗，放入果汁機攪打成泥。

材料F：

馬鈴薯絲1/3碗，加水蓋過，蒸25分鐘，連水倒入果汁機打泥。

材料G：

椰子粉3大匙，用乾鍋炒香備用。

調味料：

細砂糖1大匙、鹽巴半茶匙。

做法：

1.鍋燒熱，依序放入材料A炒香，再加材料B續炒，直至香味釋出，再放材料C與調味料。
2.煮沸後，轉小火，熬煮20分鐘，再加材料D、E、F，開大火滾沸，轉小火熬煮3分鐘至濃稠。
3.食用時再撒上材料G混合。

飄洋過海愛上你

葡國雞醬＋韓式蕎麥細麵＋義式紅椒麵＋蘿蔓＋苜蓿芽＋紫高麗

part 2 熱情豪爽

辣汁芥末醬

結合法國芥末醬、泰國辣醬、墨西哥辣醬的多種辣椒與香料的滋味，創造出一股屬於美式加州風格的涼麵醬。

辣度：
酸度：
保存期限：冷藏1星期

材料：

橄欖油2/3碗、檸檬汁半碗、法國第戎芥末籽醬5大匙、第戎芥末醬3大匙、日式胡麻醬3大匙（見P.24）、泰國是拉差辣椒醬3大匙、泰國甜雞醬2大匙、客家金桔醬2大匙、墨西哥TABASCO辣椒水1大匙、超級酸辣醬1大匙（見P.110）、黑胡椒粉1/3大匙、棉糖5大匙。

辛香料：

紅蔥末4大匙、蒜末4大匙。

做法：

所有材料放入可密封的玻璃瓶中，用力搖20下即可。

第戎芥末醬

TABASCO
辣椒水

保師傅的叮嚀：

辣汁芥末醬亦可做生菜沙拉醬。

我的一顆心送給一個人

辣汁芥末醬＋港式撈麵＋法國紅生菜＋萵苣＋蘿蔔嬰＋小黃瓜＋黑芝麻

印式香菜醬

發現香菜、洋蔥與優格是絕配的是印度人，印度餐廳經常以此做為開胃小菜，保師傅以此為基礎加以調味，美妙滋味超乎想像。

辣度：
酸度：
保存期限：冷藏3天

材料：

原味優格2/3碗、橄欖油半碗、檸檬汁1/2碗、墨西哥TABASCO綠辣椒水1/3瓶、泰國魚露半大匙、蘋果醋1大匙、小茴香籽半大匙、鹽巴1/3茶匙。

辛香料：

香菜1碗、去籽小青辣椒半碗、洋蔥絲1/3碗、紅蔥頭末1/3碗。

做法：

所有材料放入果汁機攪打均勻即可。

看一眼，透心涼

印式香菜醬＋蒟蒻麵＋法式紅生菜＋蘿蔔嬰

北方老虎醬

中式甜麵醬與韓式辣椒醬相互牽引北方漢子的粗獷氣息，豪邁中夾帶絲絲柔情。

辣度：

保存期限：冷藏1星期

材料：

甜麵醬原醬1碗、米酒1碗、棉糖3/4碗、韓國辣椒醬半碗、韓國味噌3大匙、高雄岡山蠶豆瓣醬2大匙、辣油2大匙、柴魚蜜汁水1/3碗（見P.106）。

辛香料：

洋蔥末、蒜末、香菜末各3大匙。

做法：

1.熱鍋加油少許，放入甜麵醬、米酒、棉糖煮至沸騰。

2.甜麵醬放冷，混合所有材料。

保師傅的叮嚀：

1.韓式辣椒醬有別於台式辣椒醬，質地如味噌般細膩，色豔而濃稠。

2.北方老虎醬也可做為煎餅、炸丸子等沾醬。

韓國辣椒醬

虯髯客愛說笑

北方老虎醬＋金門手工麵線＋紅甜椒＋法式紅生菜＋西生菜＋蘿蔓

東蔭功酸辣醬

宛如一碗濃縮的泰國酸辣湯灌進麵條裡，勁道強得很，大汗淋漓，暢快無比。

辣度：
酸度：
保存期限：冷藏1星期

材料：

草菇半碗、牛番茄3顆、馬鈴薯1顆。

辛香料：

沙拉油4大匙、蒜末2大匙、紅蔥頭末2大匙、泰國辣椒末3大匙、檸檬葉切末1大匙、香茅末1大匙。

調味料：

泰國東蔭功配司半碗、泰國是拉差辣椒醬半碗、椰奶2/3碗、檸檬汁2/3碗、棕櫚糖3大匙、泰國魚露1大匙、高湯2碗。

做法：

1. 草菇切成青豆大小，牛番茄去皮，亦切成青豆大小。馬鈴薯切粒，蒸熟。
2. 起油鍋，先爆炒辛香料，待香味溢出，放入所有材料炒勻、煮沸即可。

東蔭功配司

獻給壞脾氣的妳

東蔭功酸辣醬＋越式河粉＋義式紅椒麵＋醃南瓜＋九層塔

辣味噌醬

中、日、韓三國味噌、豆醬大集合，攪拌出穀類發酵的極致感受，展現土地豐收的香氣。

辣度： 酸度：
保存期限：冷藏1星期

材料：

韓國辣椒醬1/4碗、韓國味噌1/4碗、日式米味噌1/4碗、日式赤味噌1/4碗、柴魚蜜汁水1碗（見P.106）、泰國是拉差辣椒醬3大匙、高雄岡山蠶豆瓣醬3大匙、美式黃芥末醬3大匙、超級酸辣醬3大匙（見P.110）、味醂3大匙。

做法：

混合調勻所有材料。

日式米味噌

韓國味噌

來一口豐收的滋味

辣味噌醬＋文昌汁＋雲南米線＋韓式泡菜＋蘿蔓＋紫高麗＋巴西利

川味麻醬

酸甜麻辣，召喚夏天的好胃口。

辣度：　麻度：　酸度：
保存期限：冷藏1星期

材料：

芝麻醬1碗、冷開水1碗、醬油膏5.5大匙、辣油4大匙、白醋4大匙、棉糖2.5大匙、花椒粉2/3大匙、香油半大匙。

辛香料：

蔥花3大匙、蒜末3大匙。

做法：

芝麻醬分次加冷開水調開，再混合調勻所有材料。

保師傅的叮嚀：

1.中式白芝麻醬所使用的芝麻，烤焙溫度高，色澤深褐，尾韻略苦，顆粒比較粗，不過滋味醇厚。
2.拿掉辣油與花椒粉，即是最基本、人人愛吃的中華涼麵醬。
3.若遇到結塊的芝麻醬時，先倒掉表面浮油，挖出所需的份量，再加一點兒香油壓勻，由於芝麻醬見油回軟，軟化的麻醬再用水調勻即可。
4.拌肉拌菜都好吃。

炎炎夏日我最紅

川味麻醬＋日式拉麵＋蘿蔔嬰＋小黃瓜＋
綠豆芽＋紫高麗

椒麻怪味醬

香中帶麻，刺激感愈來愈強，還想吃的欲望愈來愈難抵抗。

辣度：　麻度：　酸度：
保存期限：冷藏1星期

材料：
醬油膏3大匙、白醋2.5大匙、辣油2大匙、棉糖1.5大匙、香油半大匙。

辛香料：
花椒蔥泥1碗、蒜末3大匙。

做法：
混合調勻所有材料。

吃法：
椒麻怪味醬＝川味麻醬3＋花椒蔥泥醬1，食用前再混合兩醬。（川味麻醬見P.56）

靈活運用：
椒麻怪味醬亦適合小黃瓜拌粉皮、雞絲、腰片、花枝等涼拌菜。

如何製作花椒蔥泥：

香油與沙拉油各半碗，倒入花椒粒1/3碗，以小火炸香，冷卻後，連花椒帶油，以及青蔥綠尾末1又1/3碗，放入果汁機打碎，即成花椒蔥泥。

有沒有電到你

椒麻怪味醬＋超級酸辣醬＋烏龍麵＋紫高麗＋苜蓿芽

香椰沙爹醬

椰奶、花生、紅蔥頭共同營造印尼風情，可是在溫香軟語之後，強勁辣味，做為難忘的收尾。

辣度：
酸度：
保存期限：冷藏1星期

材料：

泰國辣椒膏2大匙、泰國是拉差辣醬2/3碗、泰國甜雞醬1/3碗、椰奶1罐（400毫升）、檸檬汁1/3碗、泰國魚露半大匙、棕櫚糖2大匙。

辛香料：

蒜末3大匙、紅蔥頭末3大匙、香茅末2大匙、乾蝦米2大匙（洗淨，鋪平，用強微波打1分鐘，快速除去水分）、朝天椒5支去蒂、去皮熟花生1/4碗。

做法：

所有材料放入果汁機裡打碎。

保師傅的叮嚀：

香椰沙爹醬可當成生菜沙拉醬、海鮮沾醬，以及烤肉串的塗醬。

百分百南洋風情

香椰沙爹醬＋港式撈麵＋鳳梨＋紫高麗＋苜蓿芽

泰味辣汁

吃了這一味，立刻想念泰式涼拌花枝、海鮮、青木瓜等，二話不多說，趕快全都拿來拌一拌吧！

辣度：🌶🌶　酸度：●●●
保存期限：冷藏1星期

材料：

泰國是拉差辣椒醬1碗、檸檬汁1碗、泰國甜雞醬1/4碗、泰國魚露1大匙、棕櫚糖2大匙。

辛香料：

紅蔥頭末3大匙、蒜末3大匙、香菜末3大匙、泰國生辣椒5支切末、乾蝦米末1.5大匙。

做法：

混合調勻所有材料。

保師傅的叮嚀：

乾蝦米先泡溫水1至2分鐘，瀝乾再吸乾水分，或打微波快速乾燥，切碎使用。

棕櫚糖

泰國是拉差辣椒醬

酸辣紅豔豔

泰味辣汁＋蒟蒻麵＋韓式蕎麥細麵＋蘿蔓＋苜蓿芽

崩山豆腐醬

四川的麻辣酸香，盡顯無遺，在燠熱的天氣裡，不妨讓毛細孔痛快一下。

辣度：
麻度：
酸度：
保存期限：冷藏1星期

材料：
寶川牌辣豆瓣醬1碗（不甜的辣豆瓣醬）、白醋半碗、醬油1/3碗、醬油膏1/3碗、辣油4大匙、香油2大匙、花椒粉1大匙。

辛香料：
蔥花3大匙、蒜末3大匙、香菜末3大匙、剁碎的乾煸小青辣椒3大匙。

做法：
混合調勻所有材料。

保師傅的叮嚀：
乾煸小青椒是民國三十八年來台外省川廚的拿手，崩山豆腐醬是四川特有的麻辣醬，除了用於涼麵，亦可做為熱拌麵、火鍋沾醬、拌炒飯、沾水餃、配包子等，是嗜辣者的萬用醬。

如何乾煸小青椒：

4至5根青辣椒洗淨、晾乾、捏去蒂頭，放入不加油的乾淨炒鍋裡，開中火，用鏟子翻壓小青椒，直至青椒外皮焦黃，煸到白籽爆開為止。

麻辣指數撼天動地

崩山豆腐醬＋日式壽麵＋義式墨魚麵＋
日式胡麻醬＋九層塔

川辣噴火醬

辣椒蹲，辣椒蹲，辣椒蹲完了花椒蹲，花椒蹲，花椒蹲，花椒蹲完了哇哇叫。

辣度：🌶🌶🌶　麻度：✓✓　酸度：●●
保存期限：冷藏1星期

材料：

醬油膏1碗、辣油3大匙、白醋大3匙、越南洋蔥蝦辣醬2大匙、棉糖2大匙、超級酸辣醬1大匙（見P.110）、香油半大匙。

辛香料：

乾煸辣椒1/4碗（見P.64）、蒜末3大匙、花椒粉3/4大匙。

做法：

混合調勻所有材料。

越南洋蔥蝦辣醬

想吃我？小心點！

川辣噴火醬＋日式抹茶麵＋熟花枝＋高麗菜＋紫高麗

檸檬辣椒汁

新鮮檸檬汁發威，帶領左右護法綠紅雙椒，在炎夏中殺出一條臭香之路。

辣度：）））　酸度：●●●
保存期限：冷藏3天

材料：

檸檬汁1碗、泰國魚露3大匙、棕櫚糖1大匙。

辛香料：

朝天椒末3大匙、青辣椒末2大匙、蒜末2大匙、紅蔥頭末2大匙。

做法：

混合調勻所有材料。

保師傅的叮嚀：

檸檬辣椒汁的基礎來自泰國，本用於炒貴刁（炒粿條）、米粉湯的佐醬，不過提升了甜度，整體滋味更為柔和，吃起來甜酸辣臭，當心上癮。

檸檬辣椒汁＋粉絲＋韓式蕎麥麵＋芒果＋法式紅生菜

越式辣醬

彷彿來到南國的度假聖地，感受欲拒還迎的噴火熱情。

辣度：3　酸度：3
保存期限：冷藏1星期

材料：
越南洋蔥蝦辣醬1罐約150克、泰國是拉差辣椒醬3大匙、辣油3大匙、檸檬汁3大匙、超級酸辣醬3大匙（見P.110）、棉糖1大匙、泰國辣椒膏1大匙、泰國甜雞醬2大匙、香油半大匙。

辛香料：
洋蔥末、蒜末、香菜末、酸黃瓜末各3大匙，香茅末2大匙。

做法：
混合調勻所有材料。

泰國甜雞醬

來一記回力棒

越式辣醬＋越式河粉＋鳳梨＋草莓＋奇異果

豆豉辣椒醬

雖然沒有小魚干，也找不到豆腐干，可是嘴裡的感覺，是涼麵加小菜二合一的加值。

辣度：
保存期限：冷藏1星期

材料：

朝天椒600克、大蒜400克、乾豆豉200克。

調味料：

沙拉油600克、醬油6大匙、冰糖1大匙、香油1大匙、味精1/3茶匙、鹽巴1/3茶匙。

做法：

1.朝天椒洗淨去蒂切粗末，大蒜切粗末。乾豆豉泡水濕潤略洗，再瀝乾。
2.沙拉油燒熱，放入冰糖炒融，見糖液由黃轉紅，加入辣椒、大蒜炒香。
3.放入豆豉，轉小火翻炒1分鐘，熄火，加入其他調味料拌勻即可。

保師傅的叮嚀：.

豆豉辣椒醬冷熱皆宜，並可拿來炒飯、炒肉。

乾豆豉

貴婦與潑婦

豆豉辣椒醬＋義式天使絲＋超級酸辣醬＋苜蓿芽＋羅莎生菜

麻辣香肉醬

肉醬可以做涼麵？沒有搞錯啦！熱天吃涼涼的麻辣肉醬，發汗不是因為熱，而是辣與麻，身體更舒服。

辣度：))) 麻度：

保存期限：冷藏3天

材料：

豬前腿瘦絞肉800克、豆干200克、朝天椒500克、大蒜300克。

調味料：

沙拉油500克、花椒油渣半碗（見P.119）、韓國辣椒醬半碗、明德甜麵醬和明德豆瓣醬各1/4碗、蠔油1/3碗、米酒1/3碗、細砂糖1/3碗。

做法：

1.豆干切成青豆大小，朝天椒與大蒜均切粗末。

2.鍋子燒熱，加油少許，放入絞肉，煎香兩面，再推開炒散，炒熟盛起。

3.燒熱沙拉油，放入辣椒與大蒜半炸半炒，直到辣味嗆出，再加進肉末與其他材料，拌炒3分鐘即成。

保師傅的叮嚀：

炒絞肉不要急著炒散，而是像煎漢堡一樣，將絞肉兩面煎香，再鏟開，味道才會香。

麻辣指數破表

麻辣香肉醬＋秘製腐乳醬＋日式抹茶麵＋高麗菜＋紫高麗＋青蔥

part 3 清新佳人

柚香芒果山果子

鮮嫩的鵝黃色改變了吃涼麵的心情，裝可愛、變年輕的感覺從舌尖擴散到全身，心情也變好了。

酸度：●●●
保存期限：冷藏5天

材料：

優格半碗、美乃滋半碗、橄欖油3大匙、棉糖3大匙、蘋果醋2.5大匙、檸檬汁2.5大匙。

水果：

芒果2顆，取半顆切細粒，其餘切成大塊。葡萄柚1顆，先取皮末1大匙，再去皮去籽切細粒。

另備：

山粉圓1.5大匙，泡冷開水2分鐘，瀝乾。

做法：

大塊芒果、橄欖油、蘋果醋、檸檬汁、棉糖先用果汁機打成泥狀，取出後再混合其他材料即可。

保師傅的叮嚀：

山果子即山粉圓，生長在阿里山等高山上，發漲後質地軟脆，可助腸胃消化，口感比百香果子更好，也容易凸顯醬汁的色澤。

我是涼麵，不是甜點

柚香芒果山果子＋義式紅椒麵＋羅莎生菜＋紅甜椒

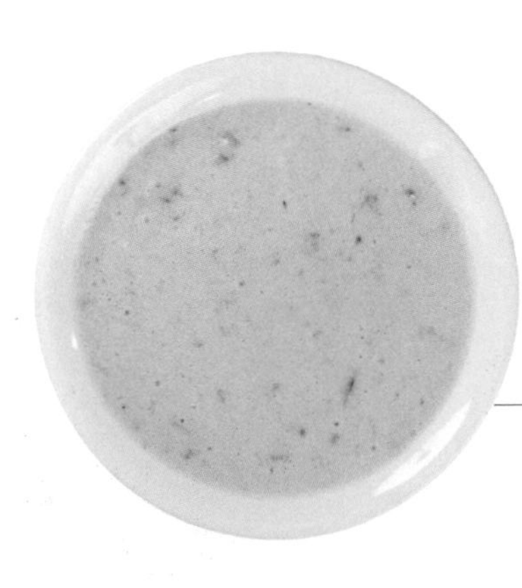

草莓鮮果醬

超級卡哇伊的色彩，將涼麵、冰淇淋、奶昔與水果全部都連結在一起！

酸度：●●
保存期限：冷藏5天

材料：

優格半碗、美乃滋半碗、橄欖油3大匙、棉糖3大匙、檸檬汁2.5大匙、蘋果醋2.5大匙。

水果：

新鮮草莓8粒洗淨去蒂、新鮮櫻桃去籽切末1/3碗、鳳梨末1/3碗。

做法：

草莓、檸檬汁、水果醋、棉糖、橄欖油先放入果汁機裡攪打成泥，取出後混合其他材料即可。

保師傅的叮嚀：

1.嬌嫩鮮果醬裡藏著鳳梨與櫻桃是味覺驚喜。

2.草莓鮮果醬亦可做為生菜沙拉醬與油炸物的沾醬。

我是涼麵，不是冰淇淋

草莓鮮果醬＋義式墨魚麵＋紅蘿蔔＋高麗菜

醃梅李醬汁

西方的酸豆與東方的紫蘇梅相遇，雙味聯手，
消解了夏天的肥膩與飽脹。

酸度：●●●
保存期限：冷藏1星期

材料A：

蘋果醋1碗、細砂糖3/4碗、醬油1大匙、酸豆2大匙、紫蘇梅汁3大匙。

材料B：

紫蘇梅肉、化核應子（即李鹹）各4大匙，均切小粒。

做法：

1.將材料A混合調勻，以小火煮至糖溶解，溫度不可高於攝氏80度，避免煮至沸騰，否則酸味跑光光。
2.再放入材料B，浸泡到冷卻即成。

保師傅的叮嚀：

醃梅李醬汁非常開胃，除了可當沙拉醬以外，添加適量綠芥末醬，可做為燙蚵仔、燙花枝等海鮮沾醬。

化核應子

開胃解膩就吃它

醃梅李醬汁＋日式抹茶麵＋松子＋早餐麥片＋醃梅子＋紫高麗＋羅莎生菜＋葡萄乾

桂花紅梅醬

酸得好，酸得妙，酸得有層次，還帶深度，香氣在各種酸味中流動。

酸度：●●●
保存期限：冷藏2星期

材料：

番茄醬1.5碗、冰花梅醬半碗、大紅浙醋半碗、棉糖半碗、葵花油5大匙、紫蘇梅汁4大匙、鹹桂花醬1.5大匙。

副材料：

紫蘇梅肉、日本紅梅、脆梅、番茄乾各3大匙切碎成末，醃蕎頭末5大匙、酸豆末2大匙、微波殺青的鳳梨末2大匙、酸黃瓜末1大匙。

做法：

混合調勻所有材料。

如何微波殺青：

為了延長涼麵醬的保存期限，部分含水量較多的材料，必須經過簡單的殺青處理。食材剁成極細的碎末，鋪平在盤子裡，以中微波打30秒即可。

保師傅的叮嚀：

冰花梅醬，就是港式燒鴨乳鴿的沾醬；大紅浙醋，便是淋在魚翅羹上的那種紅醋。

大紅浙醋

送給愛吃醋的你

桂花紅梅醬＋粉絲＋苜蓿芽＋草莓＋薄荷

檸檬酪梨醬

濃稠的醬汁散發著淡淡的酪梨香，再以優格豐潤口感，是健康活力的全新取向。

酸度：●●

保存期限：冷藏1天

材料：

原味優格2/3碗、橄欖油5大匙、檸檬汁5大匙、棉糖3大匙、美式黃芥末醬3大匙、鮮奶油2大匙、台灣廣生魚露1大匙。

水果：

熟透的酪梨1顆，去皮去核切大塊。

做法：

所有材料放入果汁機打勻，若覺味道不夠，再酌量加鹽巴。

保師傅的叮嚀：

1.酪梨又稱奶油果，營養價值高，近幾年來相當流行，質感綿密黏稠，很適合做醬汁。

2.選購酪梨要特別注意，可選外皮深黑，觸手柔軟者，若非一兩日內使用，則挑選青皮上面滿布黃色粗裂紋者。

台灣廣生魚露

我要帶你去加州

檸檬酪梨醬＋義式墨魚麵＋超級酸辣醬＋羅莎生菜＋捲鬚菜＋苜蓿芽＋紫高麗

香柚醋汁

台灣特產的小金桔，誘發涼麵的神清氣爽，吃起來渾身精神抖擻。

酸度：●●●
保存期限：冷藏3天

材料：

香油1碗、橄欖油1碗、金桔汁1碗、醬油1/3碗、果糖1/3碗、蘋果醋1/4碗、客家金桔醬4大匙、金桔皮末1大匙。

做法：

所有材料放入可密封的玻璃瓶中，用力搖20下即可。

保師傅的叮嚀：

香柚醋汁同時可做為火鍋沾醬與生菜沙拉醬。

高腳杯之戀

香柚醋汁＋義式天使絲＋法國紅生菜＋紫高麗＋紫菜＋薄荷

和風胡麻醋汁

味蕾在中國與日本之間擺盪不已，忍不住聯想到國際巨星金城武，眾人迷戀，一股醋勁浮現心頭。

酸度：●●●

保存期限：冷藏1星期

材料：

日式胡麻醬1.5碗（見P.24）、香油1.5碗、黑醋1碗、醬油3/4碗、棉糖3/4碗、白醋半碗、法國芥末籽醬5大匙、炒香放冷的白芝麻5大匙。

做法：

所有材料放入可密封的玻璃瓶中，用力搖20下即可。

保師傅的叮嚀：

和風胡麻醋汁類似中國北方的三合油，以醬油、麻油、米醋為基礎，搖一搖，輕鬆做，即可食。

法國芥末籽醬

草原下的快意清涼

和風胡麻醋汁＋無敵文昌汁＋紅莓汁＋日式胡麻醬＋日式蕎麥細麵＋羅莎生菜

part 4 個性小生

秘製腐乳醬

像是邊疆女子高亢的歌聲，從這個山頭到那個山頭，攀過層層乳腐與豆醬香。

辣度：

保存期限：冷藏1星期

材料：

金門豆腐乳1碗、客家甘味豆腐乳1/4碗、麻油辣豆腐乳1/4碗、紅麴豆腐乳1/4碗、高雄岡山蠶豆瓣醬1/4碗、日式胡麻醬1/4碗（見P.24）、韓國味噌1/4碗、香油4大匙、甜辣醬1/4碗、客家金桔醬1/4碗、柴魚蜜汁水1碗（見P.106）。

做法：

所有材料放入果汁機打勻。

客家甘味豆腐乳

小姑娘愛唱歌

秘製腐乳醬＋無敵文昌汁＋港式撈麵＋羅莎生菜＋萵苣

魔力皮蛋醬

皮蛋醬像臭豆腐，做法超級簡單，顏色又不起眼，卻充滿著不可思議的美味魔力。

保存期限：冷藏4天

材料：

松花溏心皮蛋6個、冷開水適量、醬油膏適量、香油5大匙。

辛香料：

蔥花和香菜末適量。

做法：

1.皮蛋剝殼，稍微捏碎，加入相等重量的冷開水，用果汁機攪打成皮蛋泥。

2.添加香油與醬油膏，醬油膏的份量為皮蛋泥的1/6，調勻即可。

3.食用時再撒上青蔥花與香菜末。

保師傅的叮嚀：

皮蛋打成醬，美味難抵擋，色醜味香，魔力十足。

我很醜，卻溫柔

魔力皮蛋醬＋噴香冷炸醬＋義式天使絲＋小黃瓜＋綠豆芽

和風海膽醬

鮮味濃郁的海膽醬是和風涼麵的最高等級，保師傅自創的獨特口味，打破地域限制，大幅提升涼麵的價值與內涵。

酸度：● ●
保存期限：限當天使用

材料：

日本罐頭海膽醬100克、生蛋黃3粒、新鮮金桔汁3大匙、橄欖油3大匙、柴魚蜜汁水1/4碗（見P.106）、客家金桔醬2大匙、味醂2大匙、美式黃芥末醬1大匙、台灣廣生魚露半大匙。

做法：

所有材料放入可密封的玻璃瓶中，用力搖20下即可。

保師傅的叮嚀：

日本進口的罐頭海膽醬，又名雲丹，色如海蜇皮，嚐起來有海膽的鹹腥味。

海膽醬

沒穿比基尼，看了也涼快

和風海膽醬＋蒟蒻麵＋奇異果＋鳳梨＋草莓＋紫菜

法式鵝肝醬汁

鵝肝醬是通往法國料理的橋樑，吃涼麵也有吃大餐的驚奇。

保存期限：限當天使用

材料：

鵝肝醬1/3條約100克、洋菇片半碗、紅蔥頭末3大匙、洋蔥末3大匙、甜紅椒丁3大匙。

調味料：

橄欖油2大匙、白蘭地2大匙、高湯半碗、鹽巴1/4茶匙、白胡椒粉少許、肉荳蔻粉少許、鮮奶油5大匙。

做法：

1. 橄欖油爆炒紅蔥頭、洋蔥，待香氣釋出再放洋菇炒拌，倒下白蘭地，燒出菇香味。
2. 放甜紅椒炒香，加高湯、鹽巴、白胡椒粉、肉荳蔻粉，以極小火熬煮3分鐘，熄火，盛起。
3. 放到涼透，與鵝肝醬、鮮奶油一起用果汁機打成濃汁即可。

鵝肝醬

蒙娜麗莎也瘋狂

法式鵝肝醬汁＋義式墨魚麵＋日式拉麵＋
羅莎生菜＋法國紅生菜＋萵苣＋杏仁＋南瓜子＋
松子＋枸杞＋葡萄乾

頂級松露醬汁

黑松露醬做涼麵，保師傅獨創，華麗的走秀，正在舌尖上演。

保存期限：限當天使用

材料：

松露醬半碗、洋蔥末及紅蔥頭末各3匙、新鮮香菇末半碗、新鮮洋菇末1/4碗。

調味料：

橄欖油4大匙、白蘭地3大匙、鹽巴1/5茶匙、現磨黑胡椒粉少許、鮮奶油2/3碗、高湯2碗。

做法：

1.橄欖油爆香洋蔥、紅蔥頭，以及兩種菇末。
2.沿鍋邊淋進白蘭地引出香味，倒入高湯、松露醬、黑胡椒粉、鹽巴等，以極小火熬煮5分鐘。
3.加進鮮奶油，再熬2分鐘即可。

保師傅的叮嚀：

市售的松露醬是以極少的松露與松露油，添加大量的雜菇，以及橄欖油、洋蔥、鯷魚炒拌而成。

松露醬

法國大餐的滋味

頂級松露醬汁＋義式紅椒麵＋香椰沙爹醬＋超級酸辣醬＋蘿蔓＋紫高麗＋比利時小白菜

part 5 風味升級

柴魚蜜汁水

保師傅涼麵醬的特色是單醬可食，混醬變化更大，海膽醬加辣味噌醬，你也可以試試看！

保存期限：冷藏5天

材料：

昆布80公分、清水2公升、柴魚片100克、冰糖2碗。

做法：

1.昆布剪成小段，投入2公升的清水中，浸泡一個晚上，上爐煮沸。
2.倒入柴魚片，煮沸後計時2分鐘，熄火，浸泡8分鐘。
3.撈出昆布與柴魚，加入冰糖攪拌融化即成。

保師傅的叮嚀：

1. 柴魚蜜汁水2000克加上醬油400克，就是坊間涼麵那一杓搭配芝麻醬的甜醬油。甜醬油不但可以滷鮑魚等高檔食材，並可直接添加白蘿蔔泥、蔥花、紫菜絲，做為炸豆腐、天婦羅的沾醬。
2. 為了降低醬汁的鹹度，增加涼麵的豐富層次，柴魚蜜汁水是許多涼麵醬的基礎班底，也是不可或缺的秘密武器。

昆布

進入涼麵的溫柔鄉

和風海膽醬＋辣味噌醬＋柴魚蜜汁水＋日式拉麵＋
小黃瓜＋紅甜椒＋黃甜椒＋法國紅生菜＋綜合堅果

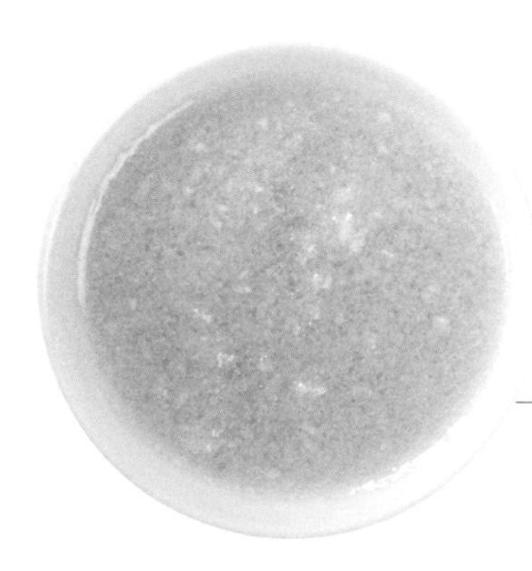

無敵文昌汁

無敵文昌汁就像深藏不露的高人隱士，打量外表，溫文儒雅；才一交手，威風凜凜，打通每一種涼麵醬的任督二脈，功力三級跳。

酸度：●●
保存期限：冷藏1星期

材料：

大蒜1碗、嫩薑1/6碗、冷開水半碗、香油3大匙、白醋4大匙、棉糖1.5大匙、台灣廣生魚露1大匙、鹽巴1/3茶匙。

做法：

1.大蒜、嫩薑先加冷開水1/3碗，用果汁機打成泥狀。若攪打不動，再酌量加水。
2.混合調勻所有材料。

保師傅的叮嚀：

文昌汁是涼麵的重要輔味大臣，可強化蒜味又不嗆口，任何涼麵醬皆可匹配。

滔滔江水連綿不絕

北方老虎醬＋檸檬酪梨醬＋無敵文昌汁＋日式拉麵＋義式紅椒麵＋義式墨魚麵＋甜椒＋榛果＋葡萄乾＋苜蓿芽＋紅生菜＋高麗菜＋炸薯條

超級酸辣醬

HOT！HOT！HOT！熱力直竄腦門，超級酸辣醬帶領你抵達登峰造極的境界。

辣度：))) 酸度：●●●
保存期限：冰箱冷藏5天

材料A：

朝天椒600克去蒂頭、大蒜200克、米酒200克、紹興酒50克、香油100克、客家豆腐乳80克。

材料B：

泰國是拉差辣椒醬1/3碗、泰國魚露1大匙、細砂糖2大匙、檸檬汁2/3碗、白醋1/3碗、客家金桔醬3大匙、鹽巴1/4茶匙。

做法：

1.將材料A放進果汁機裡打成辣椒泥。
2.將辣椒泥倒入鍋裡，加入材料B，煮沸即成。

客家金桔醬

保師傅的叮嚀：

涼麵要好吃，取決於辣椒、酸醋、嗆蒜三大天王，除了文昌汁的蒜香以外，超級酸辣醬的酸中帶辣，加上提鮮的魚露，讓涼麵所向無敵。

挑戰終極辣感

香椰沙爹醬＋日式胡麻醬＋超級酸辣醬＋義大利紅椒麵＋火龍果＋鳳梨

涼麵的20個情人

開胃小品

材料：

油炸花生半碗、蔥絲半碗、新鮮辣椒5條切斜片、香菜半碗、薑絲1/3碗、蒜片1/3碗。

調味料：

醬油1/3碗、香油1/3碗、白醋1/3碗。

做法：

混合拌勻即食。

湘式豆豉蘿蔔乾

材料：

碎蘿蔔乾300克、辣椒300克切碎、豆豉200克、朝天椒100克切碎。

調味料：

鹽巴1/3大匙、香油1/3碗、辣油1/3碗、高粱酒1/4碗、味精1/4大匙。

做法：

1.蘿蔔乾洗淨瀝乾，放進不加油的乾淨炒鍋翻炒5分鐘，去除水分，炒出香氣，盛起待涼。

2.拌勻所有材料與調味料，裝罐，置放室溫1至2天，令酒氣消散，即可冷藏食用。

蒜香黑椒毛豆莢

八角

材料：

毛豆莢600克、大蒜末2大匙、八角2粒。

調味料：

鹽巴適量、沙拉油2大匙、黑胡椒粉半大匙、香油2大匙、台灣廣生魚露1茶匙。

做法：

1.水煮沸，放八角、撒鹽巴、加沙拉油，鹹度比喝湯鹹兩倍，再放入毛豆莢煮12至15分鐘。
2.瀝出毛豆莢，趁熱拌入黑胡椒粉與香油，鋪平吹涼後，再拌入蒜末與台灣魚露調味。

洋蔥青椒

材料：

青椒1個切絲、洋蔥半個切絲。

調味料：

台灣廣生魚露半大匙、香油2大匙、醬油1大匙。

做法：

上桌前10分鐘，將材料與調味料拌勻即可。

保師傅的叮嚀：

誰說開胃非酸不可？洋蔥的嗆味、青椒的生味在台灣魚露的浸潤下，變得爽脆而迷人，如果本身是逐臭之夫，可改用香臭強度更高的泰國魚露。

椒麻皇宮菜

材料：

皇宮菜300克切成4公分長的小段、蒜末2大匙。

調味料：

花椒油渣1大匙、白醋2大匙、香油半大匙、鹽巴1/3茶匙、味精1/3茶匙。

做法：

1.水煮沸，加鹽巴少許，放進皇宮菜，水再沸，煮30秒，撈出浸冰水，迅速降溫並瀝乾水分。

2.拌入其他材料與調味料即可。

3.皇宮菜可用其他蕨菜或菠菜等青菜取代。

如何製作花椒油渣：

取香油1/3碗和沙拉油2/3碗，加入花椒粒1/3碗，以小火慢炸至攝氏120度，旋即熄火，浸泡4小時，花椒連油放入果汁機中攪碎即是花椒油渣。

特別注意，油炸花椒時，心不能急，火不能大，一旦花椒變色，或冒出大油煙，就代表炸過頭了，花椒已變苦。

保師傅的叮嚀：

通常花椒油渣是取油不取渣，滋味香而不麻，適用於椒麻怪味雞、炒炸醬、炒豆芽菜等，但若要味道很麻，連渣一起使用。

五味雜陳

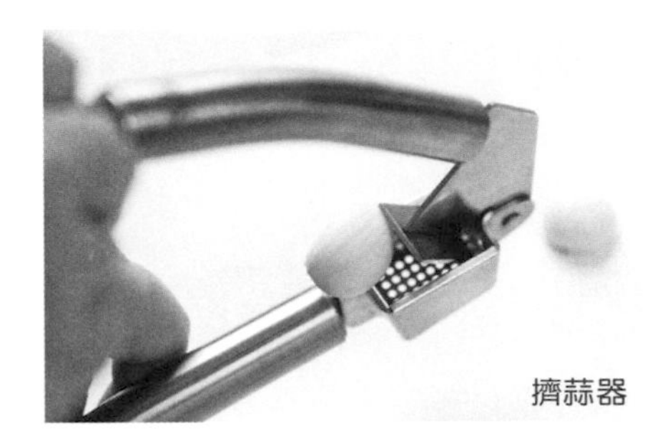
擠蒜器

材料：

油炸花生1碗、蔥花半碗、香菜末半碗、蒜末1/3碗、嫩薑末1大匙、紅辣椒末2大匙。

調味料：

白醋5大匙、醬油膏4大匙、香油4大匙、細砂糖1.5大匙。

做法：

所有材料與調味料拌勻即食。

保師傅的叮嚀：

涼拌菜餚多靠大量蒜末提味，若覺切蒜太過麻煩，一勞永逸的做法，就是買一個擠蒜器，快速好用，又不怕蒜汁沾手。

辣味翡翠瓜

材料：

小黃瓜2公斤、紅辣椒6條去籽切絲、大蒜10粒亦切絲。

調味料：

明德辣椒醬3大匙、香油2大匙、白醋2大匙、辣油2大匙、細砂糖1.5大匙、醬油1/3大匙。

做法：

1. 刮去小黃瓜的綠皮，一條切成六瓣，先去心，再切成4公分長的小段。小黃瓜重新稱重，取1%的鹽巴拌勻，醃漬半小時，每10分鐘翻動一次，壓水洗淨並瀝乾。
2. 所有材料與調味料拌勻即可。

保師傅的叮嚀：

辣味翡翠瓜是涼拌黃瓜的升級版，小黃瓜連皮醃漬，瓜皮轉成黑綠色，賣相並不佳，刮除硬皮並去心之後，色透如玉，口感一致，又容易入味，多幾道程序，小黃瓜搖身成為高檔小菜。

川辣大頭菜

材料：

大頭菜（撇蘭）2公斤、鹽巴、大蒜末3大匙。

調味料：

辣油5大匙、白醋4大匙、細砂糖2.5大匙、花椒粉2/3大匙、香油半大匙、鹽巴1/3茶匙。

做法：

1.大頭菜去皮對切，先切間隔，再切薄片，形成花刀。

2.大頭菜重新稱重，取1%的鹽巴拌勻，醃漬1小時，每20分鐘翻動一次。

3.將大頭菜放入濾盆中，利用重物壓出苦水，然後洗去鹹味，再用紗布包起，用重物將水壓出，最後大頭菜從2公斤變2台斤（約1200克）。

4.拌勻所有材料與調味料，醃漬2小時即可食用。

大頭菜切成梳子片的刀法示範：

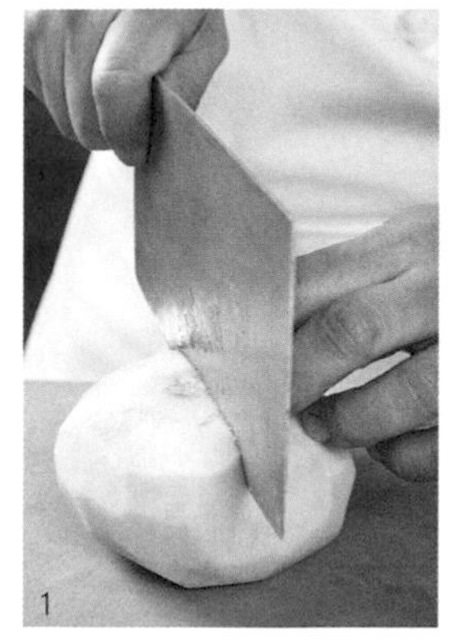
1

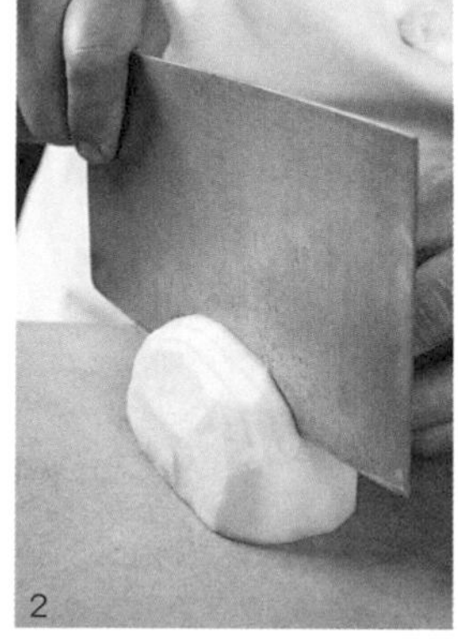
2

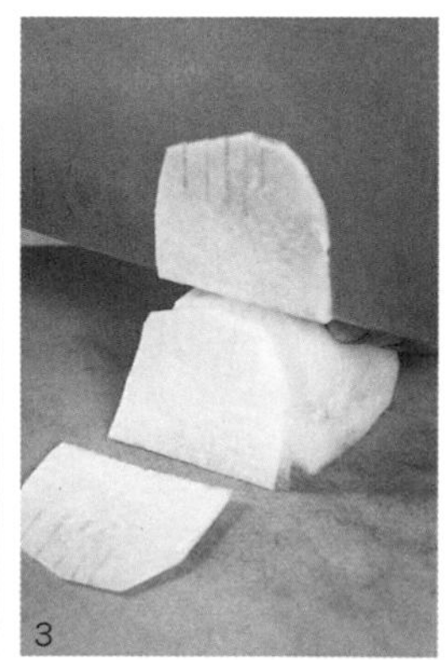
3

4

保師傅的叮嚀：

1.川辣大頭菜是台灣六〇年代最流行的川味小菜。

2.鹽醃的作用是軟化和入味，最後達到脫水的目的，不脫水便無法醃入味，也不能延長保存，鹽是味道的前導，謹記落鹽的標準為食材淨重的1%。

3.家中難找重物，可用大塑膠袋裝水替代。

酸辣金菇

材料：

金針菇1000克。小黃瓜3條均一開四，去心切絲。紅辣椒3條去籽切絲，大蒜末3大匙。

調味料：

寶川辣豆瓣醬4大匙、白醋4大匙、辣油3大匙、香油2大匙、細砂糖2/3大匙、醬油半大匙。

做法：

1.沸水汆燙金針菇數秒，瀝起，用冷開水洗淨黏液再瀝乾。
2.小黃瓜撒上少許鹽巴，用手抓拌30秒，以冷開水洗淨，並捏乾水分。
3.拌勻其他所有材料與調味料即可食用。

涼拌芒果

材料：

愛文芒果2粒，去皮取肉，切1.5公分見方小丁。紅辣椒3條去籽切末、小青辣椒3條去籽切末、香菜末3大匙、蒜末半大匙。

調味料：

黑胡椒粉1/3大匙、鹽巴1/3茶匙。

做法：

拌勻所有材料與調味料。

拌海帶絲

材料：

海帶絲600克切成6公分長的小段、嫩薑絲2小塊切絲、紅辣椒3條去籽切絲。

調味料：

香油4大匙、白醋2.5大匙、細砂糖半大匙、醬油1/4大匙、鹽巴1/4茶匙、味精1/4茶匙。

做法：

1.海帶放入滾水中煮3分鐘，撈出浸泡冷開水，再瀝乾。
2.拌勻所有材料，靜置10分鐘即可食用。

保師傅的叮嚀：

就想吃海帶絲的爽脆感，所以不必久煮。

醃拌酸菜

材料：

酸菜心1斤，將葉子一層層剝開，最外圍的薄葉修除，菜梗切絲。

辛香料：

嫩薑絲一小塊切絲，紅辣椒2條去籽切絲。

調味料：

白醋100克、醬油半大匙、細砂糖70克、鹽巴少許，調勻成酸甜汁。

做法：

1.酸菜絲用冷開水浸泡5至8分鐘，將其中的酸鹹味泡走一半，再擠乾水分。

2.混合所有材料及調味料，浸泡1天，隔日瀝乾些許水分，食用前再拌入香油2大匙增添香氣。

梅香苦瓜

材料：

白玉苦瓜2公斤、紫蘇梅12粒、白話梅12粒、甘味花瓜條6條，每條切成四瓣。

調味料：

白醋400克、紫蘇梅汁1/3碗、細砂糖260克、鹽巴1/4茶匙。

做法：

1.白玉苦瓜去蒂頭，一開四切成四瓣，去籽，削掉白色果囊，再切成0.4公分的厚斜片。放入沸水汆燙10秒，撈出後泡冰水，瀝出吸乾水分。
2.混合調味料煮至糖溶化，放涼後加入醃梅與醃瓜，並浸入苦瓜片。
3.第一天置於室溫，並隨時翻動，第二天送入冰箱冷藏，第三天即可食用。

拌海帶芽

材料：

韓國乾海帶芽片200克、小黃瓜4條一開四，去心切片、大蒜末3大匙、洋蔥半顆切絲、熟白芝麻1/5碗。

調味料：

白醋5大匙、香油4大匙、細砂糖3大匙、醬油2大匙、鹽巴1/5茶匙。

做法：

1.海帶芽泡冷開水發開，軟化後洗淨，切成小片。
2.小黃瓜用鹽醃製、軟化、洗淨、擠水。
3.所有材料拌勻即可。

保師傅的叮嚀：

一般日本海帶芽較小，泡水5分鐘即可發開，但很容易爛掉，不適合涼拌，而韓國海帶芽較為濕潤，表面有鹽巴，個頭較大，身形較厚，口感較韌，泡水20分鐘才能完全發漲。

滷鮮鮑魚

材料：

南非活鮑12粒。

調味料：

甜醬油400克（見P.106，柴魚蜜汁水）。

做法：

1.鮑魚放進冷水，開火煮到冒泡微微沸騰，熄火浸泡8分鐘，取出放涼。
2.把鮑魚放進甜醬油裡，浸泡一晚即成。

泡菜肉末

材料：

四川泡菜2碗擠水切粗末、豬絞肉120克、乾辣椒1/4碗剪小段、花椒粒半大匙。

調味料：

高湯3大匙、辣油2大匙、米酒1大匙、醬油2/3大匙、細砂糖1茶匙、香油1茶匙。

做法：

1.辣油爆香乾辣椒，聞到辣味時，放入花椒粒、豬絞肉炒熟，再加四川泡菜，炒到發酵酸味竄起。
2.沿鍋邊淋下米酒、醬油，再放高湯、細砂糖慢慢炒透。若感覺太乾，可將原先擠出的泡菜水倒入，起鍋前淋香油拌勻。

如何製作四川泡菜

第一步驟：做滷水

取可密封的廣口大玻璃瓶，裝進：冷開水4公斤、鹽巴60克（鹽為水的1.5%）、花椒2大匙（用冷開水略洗並瀝乾）、高粱酒4大匙、細砂糖2大匙。以上材料，充分攪勻溶解。

第二步驟：養滷水

高麗菜半顆，用手剝成6公分見方的片狀、紅辣椒10根、小黃瓜2條、紅蘿蔔與白蘿蔔去皮各取半條，切成三角塊、嫩薑3塊、芹菜一截。以冷開水洗淨所有蔬菜，瀝乾並陰乾至少1小時，再塞進玻璃瓶，並盡量將食材壓浸到水裡。

第三步驟：成老水

把瓶子放置在通風好的陰涼處，每天開蓋檢查，用乾淨無油的筷子上下翻轉，前兩天只聞花椒香，第三天湯汁出現酸味，冬天泡8天，夏天浸5天，四川泡菜的老水即成。

第四步驟：做泡菜

第一次塞進去的高麗菜是養滷，酸味不夠，顏色不佳，撈出後只能做泡菜肉末，第二次再放高麗菜葉，最少要浸泡一天半的時間，第三次以後，今天放明天取，醃漬24小時即可食。

注意事項：

1.每次加菜前，都必須補充一點鹽巴與花椒粒1茶匙，若發現泡菜水浮出白色的黴菌，可用乾淨湯匙撈除，並在原處淋上高粱酒1小匙除黴，即可繼續使用。

2.若吃的速度不如泡的速度快，可將泡菜老水放入冰箱中冷藏。再次使用時，放置室溫回溫2天，再繼續做泡菜。

3.特別注意，油是製作泡菜的大忌，無論是器材、食材，甚至是雙手都不能沾到油。

檸檬豬手絲

豬腳四點

材料：

豬腳四點3隻、青蔥1根、中薑2片、鹽巴半大匙、紹興酒1大匙。

辛香料：

朝天椒3條去籽切絲、蒜末1大匙、洋蔥絲2大匙、香菜末2大匙。

調味料：

檸檬汁2大匙、香油1.5大匙、泰國魚露1茶匙、細砂糖1/3大匙、鹽巴1/5茶匙、檸檬皮屑1茶匙或檸檬葉1大匙。

做法：

1.豬腳先用熱水汆燙、洗淨，再加水淹過，放入蔥、薑、酒、鹽，上籠蒸1.5至2小時，直至皮肉微微爆開見骨即可。

2.豬腳撈出泡冰水，剔去骨、皮切絲。

3.拌入辛香料和調味料即成。

紅油耳絲

材料：

豬耳朵1個（請肉販處理乾淨）。

辛香料：

青蔥3支切絲、粗顆粒的寶川花椒粉1/3大匙。

調味料：

辣油2大匙、香油半大匙、鹽巴1/3茶匙、味精1/4茶匙、白醋半茶匙。

做法：

1.豬耳朵放入滾水中煮45分鐘，撈出後浸泡冷水直至冷卻，從中間切開，成為寬度4至5公分的大片，再斜切成片，堆疊整齊，細切成絲。

2.拌入辛香料與調味料即可。

保師傅的叮嚀：

紅油耳絲取其脆口，豬耳朵不能煮過頭，切勿超過1小時。

如何製作辣油：

請見皇冠文化出版，保師傅著作《大廚在我家2：大廚基本法》第214頁〈保師傅簡易辣油〉，或《大廚在我家》第52頁〈一試上癮，保式秘製紅油〉。

榨菜肉絲

材料：

豬裡脊肉絲400克、榨菜絲300克、熟筍2粒切絲、青蔥3根切1公分小段、大蒜6粒切片。

醃肉料：

鹽巴1/5茶匙、蛋白半粒、太白粉2.5大匙。

調味料：

高湯4大匙、紹興酒2大匙、醬油2/3大匙、味精1/3茶匙、白胡椒粉1/3大匙、細砂糖1/4茶匙、香油1.5大匙。

做法：

1.榨菜絲泡水3分鐘，先嚐一根試鹹味，當味道從死鹹變甘鹹，即可瀝出擠乾，放進燒熱的乾淨炒鍋中，不加油乾炒到香味釋出，盛起備用。
2.肉絲加入醃肉料拌勻。入鍋炒香，盛起備用。
3.再起油鍋，爆香蔥蒜，再放入榨菜絲，聞到香味，再加筍絲，以及香油以外的所有調味料拌炒，最後加入熟肉絲與香油翻拌即可。

保師傅的叮嚀：

榨菜想要炒得香，水分得先擠乾；香油加熱過久便不香，所以起鍋前才淋拌。

燻雞腿

材料：

肉雞腿2隻、花椒鹽（鹽巴半碗加花椒粒1/4碗混合）、青蔥1根拍扁、中薑2片、紹興酒半瓶蓋、香油少許。

燻料：

細砂糖1/3碗、麵粉1大匙、白米1大匙、茶包1個拆封取茶葉（紅茶、烏龍茶等任何茶葉皆可）。

做法：

1.適量花椒鹽搓揉雞腿表面，靜置1小時。

2.待蒸籠底水沸騰，放入雞腿，擺蔥薑，淋料酒，蒸25分鐘。

3.取出雞腿，拿掉表面的花椒粒與蔥薑，放涼20分鐘以上，讓雞皮乾燥，以利煙燻上色。

4.炒菜鍋裡鋪上兩層鋁箔紙，撒上燻料，放上網架，擺好雞腿，蓋好鍋蓋，開中小火慢燻。

5.見竄出的煙從透明轉成白色，再變成黃色時，靜待1分鐘再熄火，再等2分鐘才掀蓋，燻製完成。

6.讓雞腿待涼1分鐘，刷上香油即完成。

保師傅的叮嚀：

甘蔗雞即用甘蔗皮，樟茶鴨則用樟木屑與茶葉，煙燻附著味道不同，至於燻製的時間長短，全賴冒煙的顏色來判定，中國料理的熱燻法，煙很大，接近失火狀況，一定要開抽油煙機，以中小火慢燻，不能心急，否則一旦糖著了火，燻味轉苦，功虧一簣。

全能料理名廚**保師傅**私藏食譜首度公開！

大廚在我家

六十道以上的家常菜、年菜、小菜，
跟著全能料理名廚學做菜，新手也能變專家，
讓你天天在家享受五星級料理！

曾秀保（保師傅）◎示範　王瑞瑤◎文・攝影

在台灣料理界無人不知、無人不曉的超級名廚「保師傅」，他細膩、講究又充滿創意的做菜手法，不但備受日本時尚設計大師三宅一生、台灣烹飪泰斗傅培梅的讚賞，連歷屆總統和企業名流也都是他的常客，並數度擔任國宴主廚。想學做菜？跟著保師傅準沒錯！

◎軟趴趴的雞肉如何變身「好吃到眼淚都要流下來」的白斬雞？
◎三招「牛肉基本法」就能讓牛肉變得又滑又嫩？
◎沒有添加物又好吃的蝦仁，原來是要靠「上漿」？
◎首度公開的「秘製紅油」，讓每道菜的美味都加倍？
◎不靠老滷加持，獨家速成老滷鍋就算拿來開店也沒問題？
◎番茄炒蛋不要濕答答，利用蛋液來「勾芡」是美味關鍵？
◎在餡裡「打水」，就能做出肉香十足、肉汁滿溢的超美味餛飩？
◎炒飯要用冷飯、熱飯，還是冰過的飯？美味全靠一點訣？

保師傅累積數十年經驗淬鍊出來的專業心得，使得本書中所傳授的都是真正禁得起考驗的料理訣竅！從年菜、家常菜，到經典菜和簡便小吃，六十道以上保師傅的獨門食譜，保證讓你家餐桌天天都上演色香味俱全的美食饗宴，從今以後，你就是大廚！

新手看訣竅，老手看門道，

國宴名廚保師傅13招獨門料理基本法，一本萬用！

大廚在我家❷

大廚基本法

料理一點都不難，練好基本法就能一通百通，
用最普通、最常見、最便宜的食材
也能做出好料理！

曾秀保（保師傅）◎示範　王瑞瑤◎著

中華料理千變萬化，八大菜系各自精采，看似難做，但其實只要把底子打好，什麼菜也難不倒！國宴名廚保師傅按照肉類、魚類、雞蛋、豆類、漬菜等平時最常用到的食材，整理出十三招料理基本法，並從中衍生出六十四道必學經典菜餚，從最家常的涼拌小黃瓜、荷包蛋、煎牛排，到行家級的紅燒黃魚、獅子頭、滷蹄膀……等等，只要學會基本法，從此料理任督兩脈全通，讓新手家常菜零失敗，老手功夫菜更上層樓！

◎手殘也能煎出超完美、零失敗、皮脆肉嫩又多汁的雞腿排？
◎如何蒸出外表滑如鏡、內裡不穿孔的嬌滴滴嫩蒸蛋？
◎大塊肉怎麼燉才入味？靈活運用分袋冷凍可以一餐變五餐？
◎食安風暴一波未平一波又起，該如何自製煉油？
◎豆類該如何處理才能去生拔臭，煮得嫩而不爛？
◎一條魚洗了三次還是魚腥沖天，原來是畫錯重點？
◎冷凍豬肉硬邦邦，怎麼冰才能又好切又不出水？
◎如何蒸出皮爆開、肉雪白，像猛男般的誘人蒸魚？

保師傅：有學生告訴我，自從跟我學做菜，並且回家試做之後，她的先生天天都回家吃晚飯，甚至還問明天要吃什麼？希望透過美食，找回更多的愛與關懷。

國家圖書館出版品預行編目資料

大廚在我家3大師級涼麵 / 曾秀保，王瑞瑤著.
-- 初版. -- 臺北市：皇冠, 2015.07
面；公分. --（皇冠叢書；第4481種)(玩味；8)
ISBN 978-957-33-3162-9(平裝)

1.麵食食譜 2.調味品

427.38　　104009171

皇冠叢書第4481種
玩味 08

大廚在我家3
大師級涼麵

作　　者—曾秀保、王瑞瑤
發 行 人—平　雲
出版發行—皇冠文化出版有限公司
台北市敦化北路120巷50號
電話◎02-27168888
郵撥帳號◎15261516號
皇冠出版社(香港)有限公司
香港銅鑼灣道180號百樂商業中心
19字樓1903室
電話◎2529-1778　傳真◎2527-0904
總 編 輯—許婷婷
美術設計—宋　萱
攝　　影—高政全
著作完成日期—2015年
初版一刷日期—2015年07月
初版四刷日期—2023年06月
法律顧問—王惠光律師
有著作權・翻印必究
如有破損或裝訂錯誤，請寄回本社更換
讀者服務傳真專線◎02-27150507
電腦編號◎542008
ISBN◎978-957-33-3162-9
Printed in Taiwan
本書定價◎新台幣280元/港幣93元

• 皇冠讀樂網：www.crown.com.tw
• 皇冠Facebook：www.facebook.com/crownbook
• 皇冠Instagram：www.instagram.com/crownbook1954
• 皇冠蝦皮商城：shopee.tw/crown_tw